IRRIGATIONS AGRICOLES

FAITES EN FRANCE DE 1866 A 1886,

PAR

M. CHAMBRELENT,

INSPECTEUR GÉNÉRAL DES PONTS ET CHAUSSÉES.

PARIS,

GAUTHIER-VILLARS ET FILS, IMPRIMEURS-LIBRAIRES

DU BUREAU DES LONGITUDES, DE L'ÉCOLE POLYTECHNIQUE,

Quai des Grands-Augustins, 55.

1888

LES

IRRIGATIONS AGRICOLES

FAITES EN FRANCE DE 1866 A 1886,

PAR

M. CHAMBRELENT,

INSPECTEUR GÉNÉRAL DES PONTS ET CHAUSSÉES.

PARIS,

GAUTHIER-VILLARS ET FILS, IMPRIMEURS-LIBRAIRES

DU BUREAU DES LONGITUDES, DE L'ÉCOLE POLYTECHNIQUE,

Quai des Grands-Augustins, 55.

1888

LES

IRRIGATIONS AGRICOLES

FAITES EN FRANCE DE 1866 A 1886.

Ce n'est point par des millions ni par des centaines de millions, c'est par plusieurs milliards que l'on peut compter l'augmentation de rendement à obtenir du sol agricole de la France, s'il était cultivé comme il doit l'être et si surtout l'agriculteur cherchait à utiliser les autres sciences qui peuvent l'aider dans ses travaux.

La science agricole est une de nos sciences les plus difficiles et les plus complexes; c'est en même temps celle qui exige le plus le concours des autres sciences, et c'est cependant celle que tout le monde croit connaître et pouvoir appliquer, sans l'avoir étudiée.

Dans l'Introduction à son grand Ouvrage sur l'Agriculture, le comte de Gasparin s'exprime ainsi :

« L'Agriculteur doit toujours suivre cette voie de l'expérience et de l'observation, éclairées par les lumières des autres branches des sciences humaines. »

Pour donner de suite une idée des progrès qu'ont encore

à faire en France les cultivateurs du sol, nous devons citer le fait qui vient d'être établi, dans la dernière statistique agricole décennale de 1882, publiée par le Ministère de l'Agriculture.

Ce fait le voici :

La France cultive aujourd'hui le froment sur une superficie de 7 millions d'hectares, représentant 13,50 pour 100 de son territoire, dont la superficie totale est de 52 millions d'hectares.

La culture de ces 7 millions d'hectares a donné, de 1874 à 1883, une moyenne de 100 millions d'hectolitres de grains qui, avec la paille, représentent une valeur de 2 milliards 450 millions. Cela correspond à un rendement moyen de 14,88 hectolitres de grains par hectare (p. 16 de la statistique).

L'Angleterre, qui est plutôt un pays de fourrages que de céréales, cultive une étendue de froment moindre, mais elle obtient de cette culture un rendement par hectare de 28 hectolitres, à peu près double de celui de la France.

« Si la France, dit l'auteur de la statistique, l'éminent Directeur de l'Agriculture, M. Tisserand, pouvait parvenir à obtenir une production proportionnellement égale à celle de l'Angleterre, sa production en froment, sur les 7 millions d'hectares cultivés, serait augmentée de 100 millions d'hectolitres et portée à 200 millions en moyenne par année (p. 17).

» La France, qui produit aujourd'hui moins de blé qu'elle n'en consomme, pourrait alors non seulement suffire à ses besoins, mais fournir à l'exportation une masse considérable de froment. »

» Si, pour l'ensemble des céréales cultivées en France sur une étendue de 15 millions d'hectares, ajoute M. Tisserand, notre production était la même, à surface égale, que celle de l'Angleterre, nous récolterions, d'après la statistique décennale, 180 millions d'hectolitres de plus et nous réaliserions par cela même une plus-value de près de 2 milliards et demi de francs par an.

» On voit quelle marge énorme notre Agriculture a devant elle pour accroître les ressources alimentaires du pays et quelle influence considérable elle pourrait exercer sur le développement de la population (p. 7). »

D'où vient cette différence de rendement du simple au double entre les deux pays?

Elle tient à diverses causes, le non-emploi des meilleures semences, l'insuffisance de l'assainissement du sol dans les terres humides; mais la principale de ces causes qui font tant baisser la moyenne du rendement, c'est que, dans les départements du midi de la France notamment, la plante ne trouve pas, pendant les sécheresses de l'été, l'eau nécessaire au développement de sa végétation.

« Il faut, dit l'auteur de la statistique, pour la parfaite évolution de la plante et le fonctionnement continu et régulier du végétal, une certaine somme de chaleur et de lumière et une certaine dose d'humidité pendant toute la période de végétation.

» La chaleur, dans le midi de la France, ne manque pas, mais l'humidité nécessaire aux fonctions physiologiques de la plante fait souvent défaut, car les sécheresses d'été s'y prolongent souvent à l'excès. » (P. 23.)

Les terrains de ces départements, quoique traversés par de nombreux cours d'eau, ne sont en effet arrosés que par les eaux de pluie, qui s'y font attendre souvent plusieurs mois en été, pendant que les eaux des rivières et des ruisseaux vont alors se jeter inutilement à la mer.

Dans un Mémoire publié en 1863, sur les expériences relatives à l'emploi des eaux dans les irrigations, M. Hervé

Mangon, signalant l'importance de ces irrigations pour l'accroissement de la richesse agricole, constatait combien elles étaient loin de présenter en France les développements qu'elles pouvaient recevoir.

« La surface des terrains arrosés, disait alors M. Hervé Mangon, utilise à peine $\frac{1}{20}$ des eaux disponibles et représente une fraction insignifiante des prairies naturelles de notre pays. »

« Le moindre de nos fleuves, ajoute-t-il, quand les eaux ne sont point utilisées en irrigation, entraîne à la mer, sans profit pour personne, la valeur de plusieurs milliers de têtes de bétail par année.

» Personne n'ignore non plus que, dans beaucoup de cas, on a vu l'irrigation doubler, tripler et même décupler la force productrice du sol. »

On peut juger, d'après ces chiffres, de quelle importance il était pour la richesse agricole de la France de chercher à utiliser le plus possible ces $\frac{19}{20}$ des eaux d'irrigation qui pourraient augmenter dans de telles proportions les rendements de ces cultures.

« La recherche des moyens de disposer des cours d'eau en faveur de la terre, dit Gasparin dans son *Cours d'Agriculture*, est au nombre des devoirs les plus importants du Gouvernement et des besoins les plus urgents du peuple. »

C'est principalement à l'extension de ces irrigations, pouvant plus que doubler le produit de nos récoltes, qu'après avoir terminé, en 1865, nos travaux d'assainissement et d'ensemencement des Landes, nous avons été appelé en 1866, par le Ministre de l'Agriculture et des Travaux publics, à consacrer ce qu'il appelait *notre expérience des cultures agricoles* à utiliser les eaux du territoire pour l'irrigation des terrains cultivés; et, tout en continuant à nous occuper du développement et de l'exploitation des produits créés dans les Landes, nous avons consacré, de 1866 à 1886, vingt ans de nos efforts à l'extension des irrigations dans les parties de la France où elles étaient le plus utiles.

Ainsi que nous l'avons exposé dans notre précédente Notice, nous avons été appelé d'abord dans un des départements qui avaient le plus besoin d'irrigations et d'études agricoles, le département des Basses-Alpes.

« Ce département, écrivait le Ministre en nous donnant cette mission, présente, sous le rapport de la mise en culture et du reboisement, un intérêt sérieux et des difficultés spéciales, et j'ai pensé que l'expérience que vous avez acquise dans le département de la Gironde pourrait y être heureusement utilisée. »

Les irrigations dans les Alpes avaient d'autant plus d'importance à ce moment que, en augmentant dans des proportions considérables la quantité des fourrages produits, elles permettaient de réduire en partie les pacages et de faciliter ainsi le boisement des montagnes, l'une des grandes œuvres que la France a encore à accomplir.

Les arrosages que nous avons fait exécuter dans le pays, dans les deux années 1866 et 1867, pour le compte d'associations syndicales organisées par nous, ont embrassé une surface de 16000 hectares; et en dehors de ces canaux d'intérêt collectif, il en a été exécuté, sur nos conseils et nos indications, plusieurs autres qui ont plus que doublé cette surface.

Dans son Rapport au Conseil général, en 1867, le Préfet du département, après avoir énuméré les travaux exécutés, s'exprimait ainsi :

« En résumé, Messieurs, l'achèvement des canaux en construction portera à 16610 hectares environ la surface arrosable et à 9634 hectares la surface déjà arrosée, et l'exécution de ceux présentés ou qui le seront cette année doublera à peu près ces chiffres.

» Je suis heureux d'être en mesure de vous annoncer ce résultat, qui place notre département au nombre de ceux où les travaux d'irrigation ont reçu le plus grand développement et produit les plus grands bienfaits. »

Le Conseil général du département, s'associant aux appréciations du Préfet à notre égard au sujet des améliorations obtenues, nous adressait un témoignage spécial de satisfaction.

« Les améliorations réclamées dans beaucoup de cantons ont été réalisées en peu de temps, dit la délibération ; chaque membre du Conseil a pu s'en assurer par lui-même, et tous tiennent à témoigner publiquement leur profonde satisfaction à l'honorable Ingénieur en chef du département. »

Ces témoignages de satisfaction nous ont été renouvelés pour le travail que nous avions fait pour assurer par des barrages et des boisements la fixation des versants des montagnes, menaçant les routes du département.

Après l'exécution de nos irrigations dans les Alpes, nous fûmes appelé à en développer de nouvelles dans le département de la Haute-Vienne.

Ce département, formé spécialement de terrains granitiques accidentés, où existent de nombreuses sources, à toute hauteur, était de tous les départements de la France un de ceux où les irrigations pouvaient être le plus favorablement développées pour donner des résultats agricoles des plus avantageux.

Malgré ces conditions favorables, ces irrigations ne s'y étaient pas cependant étendues encore comme elles auraient dû le faire.

Dans l'enquête agricole de 1866, plusieurs déposants et la Commission départementale elle-même déclaraient qu'il y avait encore énormément à faire pour ces irrigations, parce que la science du nivellement y faisait défaut.

Le Conseil général du département demanda, par suite, en 1867, au Ministre de l'Agriculture et des Travaux publics de lui envoyer un Ingénieur expérimenté, pour le développement des irrigations agricoles dans le département, et le Ministre nous désigna pour répondre au désir exprimé par le Conseil général.

Nous n'avons pas eu à faire dans la Haute-Vienne de grands projets d'irrigation d'intérêt collectif dérivant de grandes masses d'eau des rivières.

Les irrigations, dans le pays, se font presque toujours directement par les propriétaires, au moyen des nombreuses sources qui y existent et que chacun utilise lui-même pour son compte.

Sur beaucoup de points aussi, l'arrosant reçoit les eaux pluviales dans des réservoirs qu'on appelle *pêcheries* et s'en sert pour irriguer l'été.

C'est pour ces petits projets surtout qu'ils demandaient le concours dont ils avaient besoin.

Depuis 1867, époque où nous avons été attaché pendant cinq ans au département et où nous avons pu faire ressortir les avantages agricoles de ces irrigations et leur donner le concours qui nous était demandé, elles ont pris un développement considérable.

En 1884, le Ministre de l'Agriculture ayant chargé le Secrétaire perpétuel de la Société nationale d'Agriculture de France, M. Barral, de l'examen des prairies de la Haute-Vienne, M. Barral s'exprime ainsi dans son Rapport au Ministre, au sujet des irrigations existant aujourd'hui dans le département :

« Je crois devoir signaler tout d'abord à votre attention, monsieur le Ministre, les irrigations créées dans la Haute-

Vienne. Elles sont considérables, car elles se font sur plus de 100 000 hectares.

» L'étendue des 100 000 hectares arrosés, ajoute M. Barral, déterminée par une enquête spéciale que j'ai pu faire moi-même dans toutes les communes, avec le bienveillant concours de l'administration préfectorale, résulte de la captation des sources, de l'emploi des petits ruisseaux, de l'emmagasinement des eaux pluviales dans de nombreux réservoirs appelés des *pêcheries* par les cultivateurs limousins. Chacun connaît aujourd'hui, dans la Haute-Vienne, la puissance de l'action de l'eau pour la production des herbages, chacun s'est mis et se met encore à l'œuvre; l'intégrale de tous ces efforts individuels représente une somme énorme d'efforts accumulés, qui correspond à plusieurs dizaines de millions avancés sans bruit par le travail opiniâtre de toute une population rurale. »

Après les résultats si satisfaisants obtenus dans les Alpes et la Haute-Vienne, il nous a été demandé d'étudier des irrigations dans les Landes assainies et mises en culture.

Ces irrigations ne pouvaient se faire d'ailleurs que sur des surfaces assez restreintes, dans les parties inférieures du plateau, seulement avec les eaux des étangs, dont nous avions dû abaisser le niveau pour assurer l'assainissement des terrains environnants.

D'un autre côté, on ne pouvait attendre de résultats satisfaisants de ces arrosages, ainsi que nous l'avions déjà fait pressentir, parce que, faits avec des eaux de pluies accumulées dans des étangs et peu riches en matières fertilisantes, il fallait, pour en obtenir un effet utile, donner au sol, qui ne contient lui-même qu'un sable siliceux, des quantités d'engrais considérables.

Or ces engrais, qu'il était si nécessaire d'employer abondamment dans un sol exclusivement sablonneux, étaient emportés par l'eau d'irrigation; et la forte dépense faite était à renouveler chaque année, sans qu'on pût après parvenir à conserver l'engrais, à quelque dose qu'il fût employé.

Combien il était plus rationnel de se contenter ici de l'humidité constante qu'on trouve à 0m,40 de profondeur, à la surface de la couche aliotique, dans les plus fortes chaleurs de l'été, et de maintenir dans le pays la culture forestière, la seule qu'on puisse faire venir sans engrais et présentant d'ailleurs cette végétation si remarquable, qui se développe d'elle-même sans efforts et sans dépenses!

« La fraîcheur naturelle du sol à une profondeur de 0m,30 à 0m,40, dit Gasparin dans son *Cours d'Agriculture*, constitue une des plus grandes qualités de la terre à cultiver, pour les racines des végétaux qui vont la chercher à cette profondeur. »

On a pu voir d'ailleurs, par la vigueur de végétation des forêts développées aujourd'hui dans le pays et surtout par l'examen des racines étalées sur l'alios, combien ce sont là les conditions naturelles les plus favorables à la végétation et combien il serait insensé de chercher à les remplacer par d'autres plus coûteuses, dont les propriétaires ne seraient jamais remboursés de la dépense.

Les résultats si avantageux toujours obtenus par la culture forestière, comme les échecs constants des cultures intensives, prouvent de plus en plus ce que nous n'avons cessé de déclarer dans tous nos Mémoires et de pratiquer dans nos travaux : réduire le plus possible toute culture intensive demandant de grands frais de main-d'œuvre et d'engrais, et ne développer en grand que la culture forestière.

Mais, à côté de ces deux départements du sud-ouest de la France, la Gironde et les Landes, il y a d'autres départements au midi et au sud-est, allant des Pyrénées aux Alpes, où les irrigations, par suite de la nature du sol et du climat, ont une telle importance et une telle raison d'être que c'est sur ces points que la France doit le plus chercher à développer, par l'irrigation, cette richesse agricole pour laquelle elle a encore tant à faire.

Parmi ces départements, Vaucluse, la Drôme, les Bouches-du-Rhône, les Alpes-Maritimes, les Hautes-Alpes, le Gard et quelques autres départements voisins sont ceux où les arrosages sont le plus nécessaires et peuvent donner en même temps les plus grands résultats.

Sous le climat brûlant de ces contrées, le terrain, principalement formé de calcaire et de sable, reste souvent plusieurs mois sans recevoir une goutte d'eau de pluie ; les effets de la sécheresse y sont aggravés par des vents violents du nord-ouest et du sud ; l'irrigation n'y est pas seulement un bienfait, c'est une nécessité de toute culture ; mais il faut ajouter qu'une fois l'irrigation réalisée, ces terrains, d'une si faible valeur agricole sans eau, deviennent des terres de première fertilité, où l'on peut faire jusqu'à trois récoltes de foin par année.

Dans le département de Vaucluse, les irrigations avaient pris depuis déjà longtemps un certain développement.

Dans son Ouvrage sur l'Économie rurale, Léonce de Lavergne cite Vaucluse comme le département qui occupe le premier rang, au point de vue agricole, dans le sud-est de la France ; « sa prospérité agricole, ajoute le grand économiste, s'explique par un seul mot, l'*irrigation*.

» Une des rivières qui sert à arroser la plaine par mille dérivations, la Sorgue, sort de la fontaine de Vaucluse, ce merveilleux réservoir naturel, alimenté par des ruisseaux, que l'abondance et l'utilité de ses eaux auraient rendu célèbre à défaut de la poésie. »

Quelques autres canaux sont ouverts depuis longtemps dans

la contrée, notamment les canaux de Craponne et des Alpines, mais combien il y en avait de plus grands encore à y faire!

Parmi les entreprises les plus modernes, figure l'ouverture du grand canal de Carpentras, destiné à porter 6000[lit] d'eau de la Durance sur une superficie de 10000 hectares de terrains, qui ne peuvent rien produire sans cette eau.

Concédé en 1852 à une Association syndicale, ce canal fut interrompu peu après et, en 1879, il ne pouvait arroser qu'une superficie de 1500 hectares au plus, à peine le quart des terrains qu'il pouvait fertiliser.

Plusieurs autres canaux entrepris, et dominant des superficies de 100000 hectares, étaient encore inachevés depuis déjà bien des années, notamment le grand canal du Forez dans le département de la Loire, celui de Gap dans les Hautes-Alpes, du Verdon dans le département des Bouches-du-Rhône, les canaux de Pierrelatte et de la Bourne dans la Drôme et Vaucluse.

L'État, frappé des avantages de plus en plus considérables que donnaient les canaux d'irrigation déjà construits, constitua, le 4 septembre 1878, pour les irrigations des terres, la submersion des vignes et l'utilisation générale des eaux au point de vue agricole, une Commission spéciale de l'Hydraulique agricole, sous la présidence de M. l'Inspecteur général Lefébure de Fourcy, composée d'Inspecteurs généraux des Ponts et Chaussées, de l'Agriculture et des Finances et chargée de l'examen des questions d'irrigation les plus importantes pour l'achèvement des canaux déjà entrepris et l'exécution de ceux à construire encore.

Sur notre Rapport constatant les avantages agricoles qui devaient résulter de l'achèvement du canal de Carpentras, et conformément à l'avis de la Commission, le Ministre de l'Agriculture accorda une subvention de 800000[fr] pour l'achèvement du canal, qui avait encore à utiliser les trois quarts des 6000[lit] dont il disposait.

Sur les propositions de la Commission et en conformité de nos Rapports, l'État se chargeait également de l'achèvement du canal du Forez et faisait terminer lui-même le canal de Gap.

Le grand canal du Verdon, arrosant l'arrondissement d'Aix, dans les Bouches-du-Rhône, est terminé et l'on achève en ce moment les grands canaux de la Bourne et de Pierrelatte, dominant des surfaces de 20000 hectares dans les deux départements de la Drôme et de Vaucluse.

Les canaux de la Siagne et de la Vésubie, dans les Alpes-Maritimes, dont nous avons eu à nous occuper au nom de la Commission, arrosent aujourd'hui les terrains qu'ils avaient à desservir.

On termine en ce moment, d'après nos plans et nos Rapports, le canal de Manosque, dans les Basses-Alpes, et l'on exécute en même temps le canal du Foulon, destiné à l'arrosage des jardins et du territoire de Grasse, dont les cultures de fleurs alimentent les grandes industries d'essences de ces contrées.

En dehors des irrigations destinées aux cultures d'été, les plantations de vignes ont demandé l'emploi des eaux en hiver pour la submersion du sol, afin de combattre un des plus grands fléaux qui se soient abattus sur l'Agriculture française, le phylloxera.

L'État a encore exécuté par lui-même, sur nos Rapports et sur les propositions de la Commission, de nombreux canaux dérivés du canal de navigation du Midi, pour sauver les importants vignobles des départements de l'Aude et de l'Hérault, comprenant 7000 hectares des vignes les plus fécondes de France, dont la valeur n'était pas moindre que 70 millions de francs.

Ces vignes ont été ainsi conservées à la richesse agricole de la France, et l'État retire par les redevances l'intérêt des avances qu'il a faites pour cette belle œuvre agricole.

Quarante prises d'eau ont été ouvertes sur les deux bras du Rhône qui longent la Camargue, pour les irrigations des terrains desséchés et la submersion des vignes récemment plantées dans les anciens marécages mis aujourd'hui à l'abri des eaux.

Nous nous sommes occupé également des irrigations les plus importantes de l'Algérie, et c'est sur les bases des projets présentés par nous et approuvés par la Commission de l'Hydraulique agricole qu'ont été opérées la reconstruction du grand barrage de l'Oued Fergoug, dont la chute avait entraîné la mort de plusieurs habitants, et la restauration de celui du Hamz.

Une loi du 19 décembre 1879 a décidé l'exécution d'un autre grand canal d'irrigation dérivé du Rhône et de ses affluents, et dont les eaux doivent dominer une superficie arrosable et submersible de plus de 100000 hectares.

Bien que plus de six ans se soient écoulés depuis le vote de la loi, ce dernier canal n'est pas encore exécuté. Ce n'est pas, quoi qu'on en ait dit, le défaut d'argent qui a retardé l'exécution d'une œuvre agricole d'une si grande importance. Une faible partie des sommes consacrées à des chemins de fer secondaires d'une utilité bien moindre suffirait pour l'exécution du canal.

Le projet proposé par nous et présenté à la Chambre des Députés, le 7 avril 1881, par le Ministre des Travaux publics, M. Carnot, avait d'ailleurs résolu la question au double point de vue technique et financier, ainsi que l'a déclaré le Ministre lui-même dans son exposé à l'appui du projet de loi.

Le Conseil général du département du Gard, si intéressé au canal, a inséré dans les procès-verbaux de ses délibérations de l'année dernière, « en raison, a-t-il dit, du jour qu'il jetait sur la question », un de nos Mémoires qui fait connaître la véritable cause des obstacles qui ont arrêté jusqu'ici la construction du canal. Ces obstacles proviennent de spéculations financières intéressées dont il faut espérer qu'on triomphera tôt ou tard.

En attendant, la statistique agricole décennale dont nous avons déjà parlé constate l'étendue des terrains sur lesquels ont été portées déjà les eaux d'irrigation, au moyen des canaux dont nous avons eu à exécuter la plus grande partie.

« Une grande amélioration, dit l'auteur de la statistique (p. 100), s'est réalisée dans ces vingt dernières années : les prairies irriguées ont augmenté de 552 150 hectares. »

La surface irriguée, en 1862, était de....	1 808 118 hect.
Elle était, en 1882, de................	2 360 268
Augmentation........	552 150 hect.

Le rendement des cultures fourragères de la France était,

en 1862, de..................	315	millions	de quintaux
Il a été, en 1882, de.........	491	»	»
représentant une augmentation de 55 pour 100, soit une différence de	176	»	»

Il faut dire qu'en 1882 la surface consacrée à ces cultures avait aussi augmenté. Elle était, en 1862, de 8 180 300 hectares; en 1882, de 10 187 600 hectares, soit une augmentation de 24 pour 100.

Il y a eu ainsi 24 pour 100 sur la surface cultivée et 31 pour 100 d'augmentation sur le rendement d'une même étendue de culture.

On doit ajouter d'ailleurs, ainsi que le fait remarquer M. Tisserand, que les chiffres de 1862 comprenaient les produits de la partie du territoire d'Alsace-Lorraine qui ne figurent pas dans les produits de 1882, ce qui rend l'augmentation encore plus considérable relativement.

« Ces différences se passent de commentaires », dit l'auteur de la statistique en présentant les chiffres que nous venons de citer.

Dans son Livre sur les irrigations des Bouches-du-Rhône, M. Barral apprécie ainsi les résultats de ces irrigations :

« Le produit brut des terres arrosées est, dans le département des Bouches-du-Rhône, de 1500fr à 3500fr par hectare, au lieu de 200fr à 500fr ou 600fr à peine pour les meilleures terres qui n'ont pas l'avantage de l'irrigation.

» Le revenu net de l'hectare des terres arrosées est, tous frais payés, de 200fr à 500fr et même davantage, souvent quintuple de celui des terres similaires non soumises à l'arrosage.

» La valeur de la propriété s'accroît par le fait de l'introduction des irrigations dans une proportion analogue ; la plus-value correspond au capital d'une rente moyenne de 350fr par hectare arrosé, soit 10000fr au revenu de 3,50 pour 100 et 7000fr au revenu de 5 pour 100 pour chaque hectare arrosé. Ce ne sont pas des chiffres exagérés et la plus-value vient en même temps favoriser toutes les terres du domaine, dont chaque hectare vaut davantage par le seul fait du voisinage des arrosages et par une sorte d'action réflexe. »

Si l'on admet un revenu de 3,50 pour 100, qui est plutôt supérieur qu'inférieur au revenu moyen de la terre, il en résulterait une plus-value territoriale de 5 milliards 521 millions que ces 552000 hectares arrosés dans cette période de vingt ans auraient donnée à la richesse agricole de la France [1].

---

[1] Il faut remarquer toutefois que, si les chiffres de plus-value donnés par M. Barral peuvent ne pas être exagérés pour le département des Bouches-du-

Ajoutons d'ailleurs que les arrosages, étendus dans ces dernières années sur ces 550000 hectares, peuvent se faire avec un volume d'eau qui ne dépasse pas 550^{mc} par seconde et que ce volume n'est qu'une partie des eaux dont on pourrait encore disposer pour de nouvelles irrigations et dont la quantité n'est pas moindre que 7000^{mc} par seconde, ce qui permettrait l'irrigation de 7 millions d'hectares.

On voit donc quelle richesse nouvelle la France peut donner à son agriculture en continuant à utiliser de plus en plus les eaux qu'elle laisse encore perdre sur son territoire.

En rendant compte des avantages agricoles si considérables déjà obtenus et de ceux à obtenir encore par l'utilisation des eaux des ruisseaux et rivières qu'on laisse couler inutilement dans leur lit, nous ne pouvons nous empêcher de signaler d'autres irrigations bien plus avantageuses encore et d'autant plus motivées qu'elles doivent faire disparaître un grand mal en produisant un grand bien. Ce n'est plus ici une eau qu'on néglige de prendre à la rivière pour la porter dans les champs à arroser, c'est une eau qui, dans Paris et ses environs, infecte une population de plus de 2 millions d'habitants et qui, par de faibles efforts, pourrait être rendue aussi utile à la terre qu'elle est funeste à l'homme.

Loin d'utiliser toutes ces eaux, on en jette la plus grande partie au contraire à la rivière où l'on devrait aller les prendre si elles s'y trouvaient, pour féconder la terre, et l'on fait courir

---

Rhône et les autres départements du Midi, ils ne sont pas aussi élevés pour quelques autres départements, notamment pour les terrains de la vallée de la Loire, arrosés par le canal du Forez, où la sécheresse et la chaleur sont moins fortes que dans les départements du Midi; mais c'est surtout dans ces terrains du Midi que nos irrigations ont eu le plus de développement et ont donné ainsi le plus de plus-value.

ses miasmes au milieu des populations riveraines inférieures, auxquelles on est sans droit pour les imposer.

Appelé, comme membre de la Commission supérieure de l'assainissement de Paris, à faire partie de la Sous-Commission chargée de l'étude des questions relatives au traitement et à l'utilisation des eaux d'égout et de vidange, nous avons étudié sur place, avec M. l'Ingénieur en chef des Mines Carnot, parmi les groupes de terrains perméables qu'il avait déjà signalés, ceux qui paraissaient le mieux convenir pour y étendre le répandage des eaux d'égout, et les mesures à prendre pour y conduire ces eaux dans les meilleures conditions d'assainissement de la ville et de fécondation du sol agricole.

Notre Rapport, remis au mois de janvier 1886 au Directeur des travaux de la Ville, Président de la Commission supérieure, indique les mesures à prendre et les travaux à faire pour l'utilisation immédiate des 400000^{mc} que la ville de Paris rejette aujourd'hui de son enceinte, et du volume supérieur qui pourra y être amené dans la suite.

Nous ne doutons pas que l'exécution de ces mesures ne permette d'arriver à ce double résultat si désiré, non seulement sans imposer de grands sacrifices à la Ville, mais en lui réservant une rémunération qui couvrira ses dépenses.

Dans mes premiers travaux des Landes, j'avais dû marcher seul, par suite des résistances que j'avais trouvées de tous côtés, et ce n'est qu'après la loi de 1857, que j'avais obtenue après vingt ans d'efforts personnels, que l'œuvre a pris le développement auquel elle est arrivée aujourd'hui.

Il n'en a pas été de même, je dois me hâter de le dire, pour les travaux d'irrigation que j'ai dirigés dans ces vingt dernières années.

J'ai trouvé, parmi tous ceux de mes collègues qui se sont

associés à mes travaux d'irrigation, le plus grand concours pour les ouvrages techniques nécessaires pour l'ouverture des canaux destinés à amener l'eau sur le sol à féconder.

Mais, en dehors de ces travaux techniques de l'Ingénieur, j'ai eu à m'occuper personnellement de la nature et de la composition chimique des terrains à arroser, des substances fécondantes contenues dans les eaux et des engrais les plus favorables pour compléter le mieux possible la mise en culture du sol arrosé, et en obtenir le meilleur rendement avec le plus d'économie possible.

Dans notre dernier Mémoire sur l'assainissement et la mise en culture des terrains de la Camargue, publié en 1887, après avoir signalé les résultats agricoles déjà obtenus et ceux à obtenir encore dans la contrée améliorée, nous disions :

« Ces résultats sont dus à l'union de deux Sciences, celle de l'Ingénieur et celle plus difficile de l'Agriculteur; cette dernière est plus difficile, ajoutions-nous, car elle offre plus d'imprévus, plus d'aléa, et elle exige surtout l'étude de plusieurs autres sciences qui doivent l'aider dans ses efforts.

On a vu dans nos travaux des Landes quelles déceptions avaient suivi tous les essais faits dans la contrée avant que nous eussions reconnu avec précision la composition chimique du sol.

Ce premier point établi, aucun résultat agricole n'eût encore été obtenu sans les travaux d'ingénieur qui ont permis d'assainir le sol.

Les produits une fois créés sur une aussi grande échelle, il a fallu en trouver l'utilisation et en assurer le débouché, et cette étude, qui fait essentiellement partie aussi de la Science de l'économie rurale, n'a pas été la moindre de toutes celles que nous avons eu à faire pour arriver au but à atteindre.

Pour les irrigations, nous n'avons marché qu'après avoir

étudié d'avance la composition chimique des eaux et celles des terres qu'elles devaient féconder.

C'est ainsi que nous avons toujours cherché à résoudre successivement tous les problèmes de la Science agricole, et c'est après cinquante années d'études et de travail sur le sol même, que nous avons pu obtenir les résultats agricoles et économiques réalisés aujourd'hui, soit dans les Landes de Gascogne, soit dans les autres parties du sol de la France où nous avons fait exécuter les principales irrigations qui y ont été développées dans ces vingt dernières années.

C'est en continuant à marcher dans cette voie, c'est en faisant ainsi, comme nous le disait notre regretté maître Boussingault, de la véritable économie rurale que nous et nos successeurs nous parviendrons à doubler le rendement du sol de la France, en l'augmentant de plusieurs milliards par les études et les progrès de la Science agricole, aidée, comme l'a dit Gasparin, des lumières des autres branches des Sciences humaines.

14472 Paris. — Imp. GAUTHIER-VILLARS ET FILS, quai des Grands-Augustins, 55.

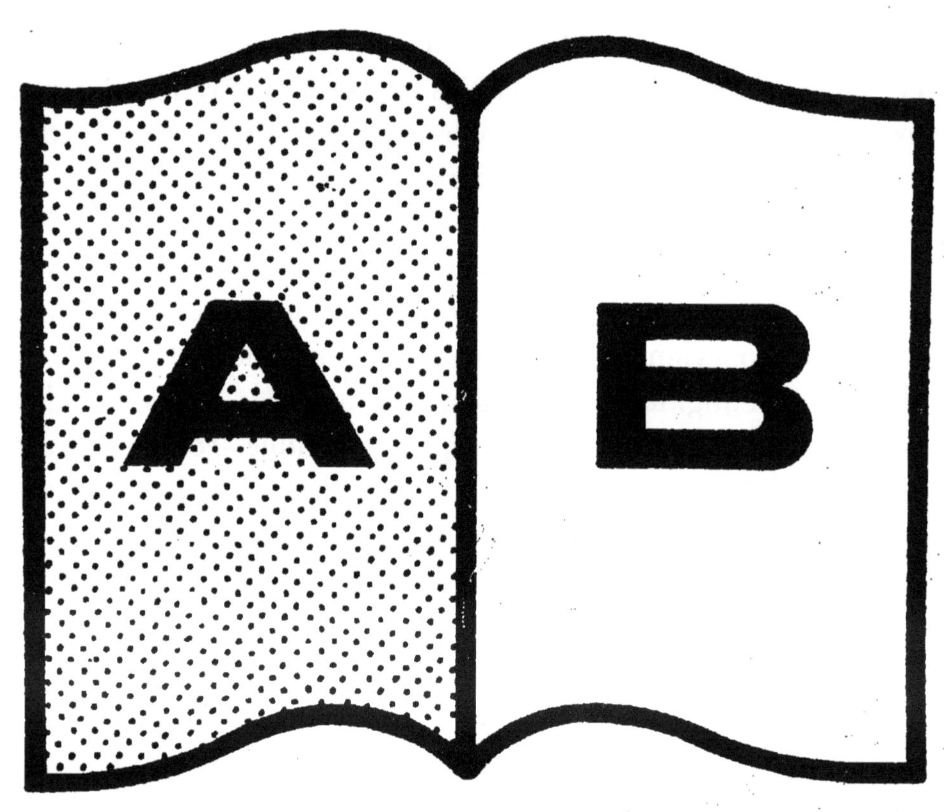

Contraste insuffisant

NF Z 43-120-14

www.ingramcontent.com/pod-product-compliance
Ingram Content Group UK Ltd.
Pitfield, Milton Keynes, MK11 3LW, UK
UKHW012133240726
13965UKWH00005B/2149

9 782013 468558